BEI GRIN MACHT SICH IHR WISSEN BEZAHLT

- Wir veröffentlichen Ihre Hausarbeit, Bachelor- und Masterarbeit

- Ihr eigenes eBook und Buch - weltweit in allen wichtigen Shops

- Verdienen Sie an jedem Verkauf

Jetzt bei www.GRIN.com hochladen und kostenlos publizieren

Jonas Stecher

Die Zirbe (Pinus Cembra L.). Beschreibung, Nutzung und wissenschaftliche Bedeutung

GRIN Verlag

Bibliografische Information der Deutschen Nationalbibliothek:

Die Deutsche Bibliothek verzeichnet diese Publikation in der Deutschen National-
bibliografie; detaillierte bibliografische Daten sind im Internet über http://dnb.d-
nb.de/ abrufbar.

Impressum:

Copyright © 2013 GRIN Verlag GmbH
Druck und Bindung: Books on Demand GmbH, Norderstedt Germany
ISBN: 978-3-656-67429-0

DIE ZIRBE

(*PINUS CEMBRA* L.)

SEMINARARBEIT

PROSEMINAR ZUR PHYSISCHEN GEOGRAPHIE

SOMMERSEMESTER 2013

Erstellt von
Jonas Stecher

LEOPOLD-FRANZENS-UNIVERSITÄT INNSBRUCK

FAKULTÄT FÜR GEO- UND ATMOSPHÄRENWISSENSCHAFTEN
INSTITUT FÜR GEOGRAPHIE

Innsbruck, April 2013

Inhaltsverzeichnis

1 Beschreibung der Baumart

1.1 Der Namen

Die Kiefernart, um die es sich handelt ist in Österreich und Bayern unter dem Namen Zirbe oder Zirm bekannt. Damit könnten ursprünglich die Zapfen des Baumes bezeichnet worden sein. Der Namen kommt möglicherweise aus dem Mittelhochdeutschen „zirben", was so viel wie „wirbeln" bedeutet und ursprünglich die Zapfen des Baumes beschrieb. In Deutschland ist auch der Name Zirbelkiefer gebräuchlich. In der Schweiz ist die Zirbe auch als Arve oder Arbe bekannt. In Südtirol sagt man zu Zirben umgangssprachlich auch „Petschl" - Baum.

Der Wissenschaftliche Name des Baumes lautet *Pinus Cembra* L.

1.2 Systematik / Einordnung

Die Zirbe (*Pinus Cembra* L.) wird wie folgt biologisch eingeordnet:

Klasse	Coniferopsida
Ordnung	Koniferen (Coniferales)
Familie	Kieferngewächse (Pinaceae)
Unterfamilie	Pinoideae
Gattung	Kiefern (*Pinus*)
Art	Zirbelkiefer

Tabelle 1: Systematik der Zirbe

(Amman, 2002)

1.3 Beschreibung und Morphologie

Bei der Zirbe handelt es sich um eine Kiefernart, die sich durch besondere Lebenszähe, und Frostbeständigkeit in Hochlagen behaupten kann. Sie kommt bis in Höhenlagen von 2400 m vor und bildet dort die Waldgrenze. Junge Bäume zeigen meist eine geraden Stamm und eine regelmäßige, bis zum Boden reichende Beastung und eine kegelförmige Krone. Die mittelgroße bis große Baum bildet einen dicken, abholzigen Stamm und und eine walzige bis unregelmäßige oder gar mehrwipflige Krone aus (siehe Abbildung 1).

Abbildung 1: Zirbelkiefer (Wik13)

Die Zirbe zeigt sich oftmals in bizarren Formen und ist gelegentlich auch mehrstämmig. Derartige Wuchsformen sind auf Naturereignisse wie Blitzschlag, Schneedruck und Sturm zurückzuführen. Solche Ereignisse können der Zirbe allerdings wenig anhaben, da sie aufgrund des harzreichen Holzes über ein sehr gutes Abheilungsvermögen verfügt. Die dem Wind zugeneigten Triebe sind wesentlich kürzer und oftmals abgestorben, was den Bäumen an exponierten Stellen ein struppiges Aussehen verleiht.

Die büschelartige Anordnung der Nadeln sind ein typisches Erkennungsmerkmal. Die dreikantigen Nadeln werden bis zu 10 cm lang und sprießen jeweils zu fünft aus einem Kurztrieb (siehe Abbildung 2). Die Nadeln haben eine bläulich-grüne Farbe und einen dreikantigen Querschnitt. Sie sind biegsam und stechen nicht. Die Spaltöffnungen liegen an der Unterseite der Nadeln. Die Nadeln können bis zu 12 Jahr am Baum bleiben, bevor sie abgeworfen werden.

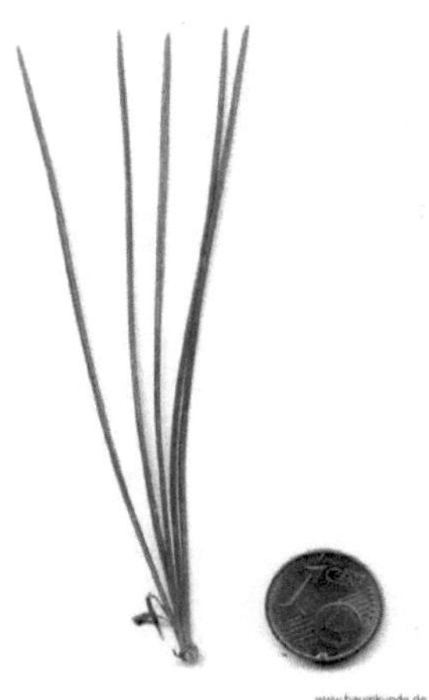

Abbildung 2: Kurztrieb mit 5 Nadeln (Bau13)

Die Nadeln haben sich auf härteste klimatische Bedingungen spezialisiert (siehe Abbildung 3). Über der Epi- und Hypodermis (1,2) liegt eine Wachsschicht, die Kutikula (3), welche die Nadeln vor Austrocknung und UV-Strahlung schützt. Im Inneren liegen Gefäßbündel (4,5) und in den Ecken die Harzkanäle (6), die das antibakteriell wirkende Pinosylvin beinhalten. (Regionalentwicklungsverein Zirbenland)

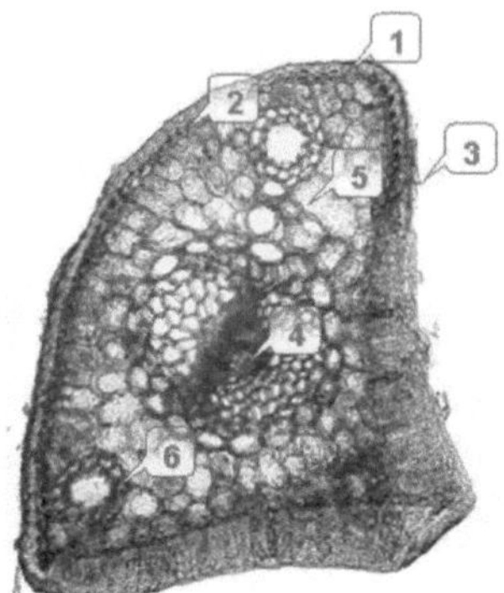

Abbildung 3: Mikroskopischer Querschnitt durch eine Zirbennadel
(Regionalentwicklungsverein Zirbenland)

Die Zirbe bildet erst eine Pfahlwurzel, später eine Senkwurzel aus. Dieses kräftige, tiefgreifende Wurzelwerk kann auch in Gesteinsspalten eindringen und macht die

Baumart selbst auf Blockschutt und exponierten Lagen widerstandsfähig gegen Schneedruck und Windwurf.

Die Zirbe trägt erst mit 60 - 70 Jahren das erste mal und dann alle 6 – 10 Jahren Zapfen (sog. Mastjahre). Die harzigen Zapfen sind eiförmig, bis zu 9 cm lang und anfangs violett, später bräunlich (siehe Abbildung 4). Die essbaren Samen, auch Zirbelnüsse genannt, sind verhältnismäßig groß und haben eine dreikantige Form. Sie sind von einer harten aber dünnen Schale umgeben und ungeflügelt. Zirbenbäume wachsen sehr langsam, können aber 10 – 20 m hoch und bis zu 800 Jahre alt werden.

Abbildung 4: Zweig der Zirbelkiefer mit Zapfen und Samenschuppe (Caspari, 2011)

Die Rinde ist bei Jungbäumen meist glatt bis glänzend und grau bis graubraun ausgeprägt. Später zeigt sie die für Kiefern typische Längsrissigkeit und graubraune, teilweise rötliche Farbe. (Holzinger, 2005)

Abbildung 5: Rinde eines älteren Zirbenexemplars (For13)

1.4 Verbreitungsgebiete

Die Zirbe kommt in zwei voneinander weit entfernten Verbreitungsgebieten vor. Das Verbreitungsgebiet von *Pinus cembra ssp. sibirica* umfasst die west- und ostsibirischen Taiga zwischen Petschora-Gebiet (westl. Ural) und der Linie Lena - Jablonowygebirge. Östlich davon liegt das Verbreitungsgebiet der nah verwandten Legzirbe (*Pinus pumila*) (siehe Abbildung 6). (Schiechtl, et al., 1979)

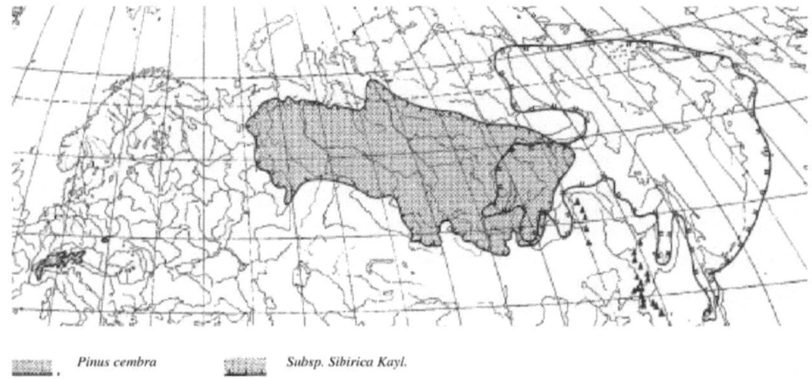

Abbildung 6: Verbreitungsgebiete der Zirbe (Schweingruber, 1993)

Pinus Cembra L. kommt im Areal der Alpen, Karpaten und Transsilvanischen Bergen vor. Hier besiedelt die Zirbe Gebiete von der oberen montanen bis zur subalpinen Höhenstufe. Die Untergrenze befindet sich in der Regel auf einer Höhe von ca. 1600 m. Darunter ist die langsam wachsende Zirbe gegenüber Lärche, Fichte und

Waldkiefer nicht konkurrenzfähig und kommt vereinzelt an konkurrenzschwachen Standorten vor. An der oberen Grenze ist die Zirbe allen anderen Bäumen überlegen und bildet in Höhenlagen von ca. 2500 m die Waldgrenze. (Schiechtl, et al., 1979)

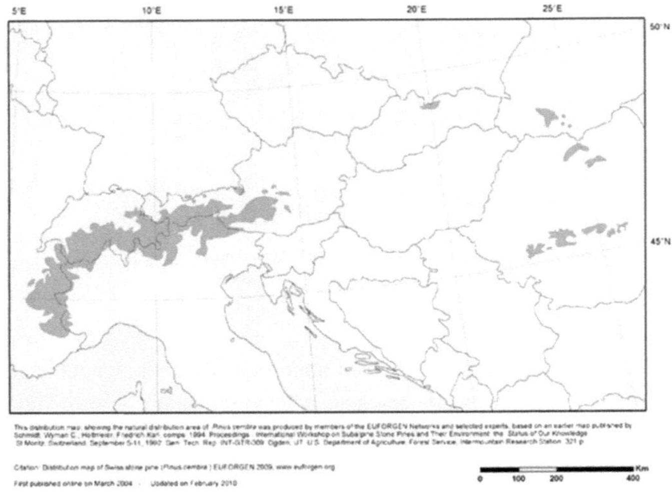

Abbildung 7: Verbreitungsgebiet von *Pinus Cembra* L. (Ulber, et al., 2004)

Die Zirbe kam erst während der letzten Eiszeit (Würm) von ihrem ursprünglichen sibirischen Verbreitungsgebiet in den Bereich der Alpen. Während der Hochphase der Eiszeit lag die polare Waldgrenze und damit das Verbreitungsgebiet der Zirbe südlich der Alpen im Bereich der Po-Ebene und der Balkanhalbinsel. Im Spätglazial zog sich das Verbreitungsgebiet durch den Gletscherrückzug Richtung Norden und damit auch in die Alpen. Während die Zirbe in Tieflagen gegenüber anderen Baumarten nicht konkurrenzfähig war, konnte sie sich in den Hochlagen weiterhin behaupten. In den Alpen gibt es daher zahlreiche voneinander abgetrennte Bestände, sogenannte „Reliktstandorte". Diese wurden durch Rodungen, Land- und Weidewirtschaft in vielen Gebieten weiter zurückgedrängt. (Schiechtl, et al., 1979)

Einmal zerstörte Zirbenwälder können sich nur schwer und wenn nur sehr langsam natürlich regenerieren. Daher werden vielerorts Zirben unterhalb der „potenziellen Baumgrenze" aufgeforstet. (Pindur, 2000)

1.5   Standort und Waldgrenze

Die Zirbe liebt prinzipiell kontinental geprägte Klimagebiete und zeichnet sich durch extreme Frosthärte aus. Sie wächst auch in der Nähe von Schneefeldern und Gletschern. Sie kann selbst durchschnittlichen Jahrestemperaturen von knapp unter 0 °C bestehen. Die Zirbe kann im Winter problemlos Temperaturen von − 40 °C überstehen. Die Strategie des Baumes besteht darin, dass sich aufgrund der geringeren Salzkonzentration zuerst Eiskristalle außerhalb der Zellen bildet. Diese können die Zellen nicht beschädigen, beginnen aber, sie auszutrocknen, wodurch die Zellen selbst nicht gefrieren können. In der Zeit, in der der Untergrund durchgehend gefroren ist steht dem Baum allerdings kein Wasser mehr zur Verfügung. Diese sogenannte Frosttrocknis stellt vor allem für junge Bäume ein Problem dar, da sie über geringere Wasserreserven im Stamm verfügen und ihre Wurzeln noch nicht so tief reichen. Die Teile außerhalb der Schneedecke sind insbesondere vor dem Austrocknen durch Wind betroffen. In Mulden oder Lawinenkegeln aufkommender Jungwuchs ist einerseits besser vor Frostschäden geschützt. Allerdings können die Nadeln bei zu lange Schneebedeckung im Spätwinter durch den Weißen Schneepilz (*Phacidium infestans*) befallen werden. An der Baumgrenze kann man daher beobachten, dass Zirben bevorzugt an windgeschützten Stellen mit nicht allzu mächtigen Schneedecken aufkommen.

Die Zirbe hat sich an eine sehr kurze Vegetationsperiode von ca. 3 Monaten angepasst. In dieser Zeit benötigt der Baum allerdings eine mittlere Tagestemperatur von mindestens 10 °C, um eine positive Stoffbilanz erreichen zu können. Während der Vegetationsperiode ist die Pflanze allerdings anfällig gegenüber Frostereignisse im Frühsommer, in dem die jungen Triebe noch nicht vollständig ausgebildet sind. Die Zirbe ist eine Lichtholzart. Daher kommt sie meist in sonnigen, lichten Lagen vor. Als Jungbaum verträgt sie auch Schatten. (Amman, 2002), (Zrost, 2004)

Am Walgrenzbereich wird zwischen Waldgrenze (geschlossene Bestände), Baumgrenze (mindestens 5 m hohe Einzelbäume) und Krüppelgrenze (deformierter Zwergwuchs) unterschieden. (Pindur 2000 nach Mayer 1976)

Abbildung 8: Zirbenbestand an der Waldgrenze.
Im Hintergrund einzelne Jungbäume an der Baumgrenze (fot15)

Die Zirbe bevorzugt Rohumusböden mit saurem Milieu. Meistens wächst sie auf Granit, Gneis, Schiefer und Kalkgestein. Die Zirbe kommt im Waldgrenzbereich oftmals gemeinsam mit der ebenfalls sehr frostbeständigen Lärche (*Larix decidua* Mill.) vor und bildet den typischen Lärchen-Zirben-Wald. Die Lärche übernimmt hier die Rolle der Pionierpflanze und besiedelt rasch Lichtungen, Lawinenstriche und humusarme Böden. Die mit Rohhumus aus abgefallenen Lärchennadeln bedeckten Böden werden dann von der Zirbe eingenommen. Durch die relativ großen Samen sind die Keimlinge in der Lage, bis zu 10 cm dicke Rohhumusschichten zu durchdringen. Die Zirbe zeigt dann aber Stärken gegenüber der Lärche und es bildet sich ein Zirbenwald. Lärchen-Zirben-Wälder sieht man oft in Gebieten, die durch Weidewirtschaft oder Rodung genutzt wurden. Naturbelassene, ältere Wälder bestehen dagegen fast ausschließlich aus Zirben. (Aas, 2000)

1.6   Reproduktion und Symbiose mit dem Tannenhäher

Die Zirbe wird im Alter von ca. 60 – 70 Jahren mannbar. Die Zirbe ist einhäusig (monözisch) und getrenntgeschlechtlich. Das heißt, es gibt auf einem Exemplar sowohl männlich als auch weibliche Blüten (siehe Abbildung 9). Die gelblichen, männlichen Blüten liegen meist im unteren Kronendrittel, die violettfarbigen, weiblichen Blüten im oberen Kronendrittel. Die Zirbe blüht im Frühjahr von Mai bis Juli. Im August des folgenden Jahres reifen die violett-bräunlichen Zapfen (siehe Abbildung 4) und enthalten Samen.

(a)

(b)

Abbildung 9: männliche (a) und weibliche (b) Blüten der Zirbe
(Regionalentwicklungsverein Zirbenland)

Da die Kerne der Zirbe (siehe Abbildung 12) ungeflügelt sind, können sie nicht vom Wind verbreitet werden. Die Zirbe hat sich daher auf die sogenannte Versteckausbreitung spezialisiert. Diese Methode besteht darin, dass samenfressende Tiere die nahrhaften Kerne sammeln und Verstecke als Wintervorrat anlegen. Der Tannenhäher (*Nucifraga caryocatactes*) als hauptsächlicher Sameverbreiter lebt in enger Symbiose mit der Zirbe. Im Gegensatz zu anderen Samenfressern wie z.B. Eichhörnchen (Sciurus vulgaris), Rötelmaus (*Myodes glareolus*) oder Spechte (*Picidae*) verbreitet dieser Rabenvogel die Samen auch an weit entfernten Gebieten, z.T. oberhalb der aktuellen Waldgrenze. Von August bis in den Winter sammelt der Vogel die Kerne, indem er die geschlossenen Zapfen geschickt mit dem Schnabel öffnet. Er kann ca. 30 – 70 Kernen in seinem Kehlsack über weite Strecken transportieren. Manche Häher legen in einem Jahr bis zu 10.000 Verstecke an. Meist sucht der Vogel dafür lockere Böden und Stellen aus, an denen sich nicht allzu viel Schnee sammelt, damit er im Winter leichter an die Verstecke herankommt. Obwohl der Tannenhäher gelegentlich sogar Tunnel durch den Schnee graben muss, um an seine Verstecke zu kommen, werden ca. 80% der Kerne gefunden und verzehrt. Für die restlichen Samen bieten die Versteckplätze optimale Bedingungen zum Aufkeimen. Es kann angenommen werden dass in den Hochlagen mindestens jede zweite Jungzirbe durch den Tannenhäher gesät wurde. (Aas, 2000)

Der Tannenhäher ist verantwortlich für die Verbreitung der Samen (Wik13)

2 Nutzung und Bedeutung der Zirbe

2.1 Wirtschaftliche Nutzung

2.1.1 Schutzwald

Die Zirbenbestände in den Alpen erfüllen eine wichtige Funktion als Schutzwald (auch Bannwald genannt), der Siedlungen, Straßen und Skipisten vor Steinschlag, Muren und vor allem vor Lawinen schützt. Als Waldgrenzbaum kommt ihnen dabei in den Hochlagen der Alpen eine besondere Bedeutung zu. Oftmals wird die biologische Lawinenverbauung durch Aufforstung mit Zirben zusammen Weißkiefern und Spirken in Kombination mit der künstlichen Verbauungen bewerkstelligt (siehe Abbildung 10). Während die Weißkiefer der Zirbe hinsichtlich Dicken- und Höhenwachstum überlegen ist, zeigt die heimische Zirbe ihre Stärken in der höheren Resistenz gegen Wildverbiss, Schneebruch und seitlichen Schneedruck. (Weißenbacher, 2011)

Abbildung 10: Projektfläche „Spisser Bannwald", Oberinntal. (Weißenbacher, 2011)

2.1.2 Zirbenholz

Das Holz der Zirbe ist verhältnismäßig leicht und zeigt einen schmalen, gelblichen Splint, einen rötlichbraunen Kern und viele eingewachsene Äste. Die Maserung liegt recht eng beieinander und der farbliche Kontrast zwischen Früh- und Spätholz ist gering. Das Holz ist ein begehrtes Schnitzholz, da es relativ weich ist und sich dadurch gut bearbeiten lässt. Außerdem ist es feinfaseriger als andere Nadelhölzer, wodurch es weniger zum Spalten in Faserrichtung neigt. (Aas, 2000) Vor allem im Grödental findet das Holz in der Schnitzerei-Tradition seit jeher Verwendung. In Tirol wird Zirbelholz auch zum Schnitzen der „Krampuslorven" (Masken) verwendet. Das

Holz wurde früher auch zur Herstellung von diversen bäuerlichen Geräten wie Pflüge, Spinnräder usw. verwendet. (Stecher, 2013)

Der hohe Harzanteil und verschiedene darin enthaltene Stoffe machen das Zirbenholzes widerstandsfähig gegen Motten-, Insekten- und Pilzbefall sowie gegen Fäulnis. Damit ist es besonders witterungsbeständig und damit hervorragend für die Verwendung im Freien geeignet. Zirbelholz wurde daher schon früh als Bauholz z.B. für kleine Heustadel, und Almgebäude im Gebirge erkannt. So wurden beispielsweise die Schlägerung der ältesten Stämme aus den Gebäuden der Waxeggalm im Zillertal mittels der Dendrochronologie (siehe 2.2.1) auf 1451 n.Chr. datiert. Begehrt war das Holz auch zur Herstellung von Dachschindeln. Das Holz dunkelt im Freien mit der Zeit sehr stark ab und wird erst dunkelbraun, dann beinahe schwarz. (Nicolussi, et al., 2009)

Aufgrund des geringen Quell- und Schwindverhalten eignet sich das Holz auch besonders gut für die Auskleidung von Saunen. Die Maserung des Holzes und der Geruch sind hier ebenfalls erwünscht.

In der Innenraumausstattung kam das Holz seit einigen Jahren neuerdings in Mode. Vertäfelungen und Möbel in Zirbe verleihen einer typischen Bauernstube das einzigartige, rustikale Ambiente. Dabei wird das Holz in der Regel als Massivholz verarbeitet. Die rotbraunen eingewachsenen Äste werden beim Zirbenholz als dekorativ empfunden. Außerdem reißen die eingewachsenen Äste zudem beim Schneiden und Hobeln nicht ein. Daher gewinnt das Zirbelholz anders als andere Nadelhölzer durch eine hohe Ästigkeit an Wert. Der hohe Harzgehalt verleiht der Zirbelstube durch die ätherischen Öle ihren unverkennbaren Duft, dem überdies noch eine heilsame und krebsrisikovermindernde Wirkung zugesprochen wird. Daher sind neuerdings auch Schlafzimmermöbel aus „gesundmachendem" Zirbelholz sehr beliebt geworden, da Zirbenholz beruhigend und gegen Schlafstörungen wirken soll. Unter anderem werden daher auch Produkte wie mit Zirbelholzflocken gefüllte Schlafkissen angeboten. (Regionalentwicklungsverein Zirbenland)

Abbildung 11: Bauernstube aus massivem Zirbenholz (Buchauer)

Das Holz findet zudem wie viele anderen Nadelhölzer als Brennholz Verwendung.

2.1.3   Zirbenkerne

Genauso wie die Pinienkerne (auch als „Pinoli" bekannt) der Kiefernart „Pinus Pinea" sind auch die Samen der Zirbelkiefer essbar. Die sogenannten Zirbelnüsse, die in Südtirol besser unter dem Dialektnamen „Petschlan" bekannt sind, zeichnen sich durch einen hohen Eiweißgehalt und einem relativ geringen Fettgehalt aus. Sie sind nahrhaft und sehr schmackhaft. In den Alpen wurden die Kerne früher als Zutaten für süßes Gebäck sehr geschätzt. Als Beispiele seien hier der Apfelstrudel und die original Engadiner Nusstorte genannt. Um Zirbelnüsse zu gewinne werden als erstes die reifen Zapfen im Herbst geerntet. Da die Zapfen sehr harzig und eng verschlossen sind, werden sie als erstes kurz auf die heiße Glut in den Ofen gelegt. Dadurch wird der Harz mürbe und die Kerne leicht geröstet. Nun können die Zapfen leicht von Hand geöffnet und die Samen entnommen werden. Die dünne Schale kann mit etwas Geschick am besten mit den Zähnen geknackt werden. Früher war es meistens die Aufgabe der Kinder, beispielsweise für die Zubereitung eines Apfelstrudels eine Handvoll Zirbelnüsse zu knacken. (Stecher, 2013)

Abbildung 12: Zirbenkerne (wikipedia)

2.1.4 Zirbenschnaps

Der Zirbenschnaps ist eine beliebte Spezialität im Alpenraum. Dafür werden die jungen, violetten Zirbenzapfen im Frühsommer ca. von Ende Juni bis Mitte Juli gepflückt. Die noch weichen Zapfen werden in Scheiben geschnitten, wobei ein rötlicher Saft entweicht. Die Scheiben werden dann in mindestens 40%-igen Hausbrand für einige Wochen angesetzt. Der Schnaps wird nach Belieben gesüßt (Zirbenlikör). Für den weißen Zirbengeist wird der angesetzte Schnaps nochmals destilliert. (Regionalentwicklungsverein Zirbenland), (Stecher, 2013)

Abbildung 13: Junge Zirbenzapfen zur Herstellung von Zirbenschnaps
(Regionalentwicklungsverein Zirbenland)

Dem Zirbenschnaps wird eine heilsame Wirkung vor allem gegen Magenverstimmungen und Schwächezuständen nachgesagt. Ungezuckert kann hochprozentiger Zirbenschnaps auch zum Einreiben verwendet werden. Natürlich findet die Spezialität auch als Genussmittel Verwendung. (Regionalentwicklungsverein Zirbenland)

2.1.5 Ätherische Öle

Die ätherische Öle im Harz verströmen einen typischen wohlriechenden Duft und enthalten einen antibakteriellen Wirkstoff, das Pinosylvin. Da die Zirbennadeln drei Harzkanäle enthalten, kann auch aus ihnen die die Duft- und Wirkstoffe extrahiert werden. Harz und Nadeln werden in der Volksheilkunde für verschiedene Zwecke genutzt. Während ausgewachsenen Nadeln für wohltuende Zirbennadelbäder verwendet werden, können aus jungen Sprossen Zirbenextrakt und Zirbensirup hergestellt werden. Aus Zweigspitzen, Nadeln und jungen, harzigen Ästen kann durch Destillation das Zirbenöl gewonnen werden. Dieses findet in Kosmetikprodukte, als Massageöl, im Saunaaufguss und zum Inhalieren bei Atemwegserkrankungen Verwendung.

2.2 Wissenschaftliche Bedeutung

2.2.1 Das Jahrringbild der Zirbe

Die Jahrringstruktur von Zirben zeigt relativ schmale Jahrringe, was auf die kurze Vegetationsperiode zurückzuführen ist. Die Jahrringgrenzen sind oftmals undeutlich ausgebildet, da der Spätholzanteil öfters sehr gering ausgebildet ist. Ebenfalls sieht man die großen Harzkanäle, die das Holz in vertikaler Richtung durchziehen (siehe Abbildung 14). (Pindur 2000 nach Grosser 1977)

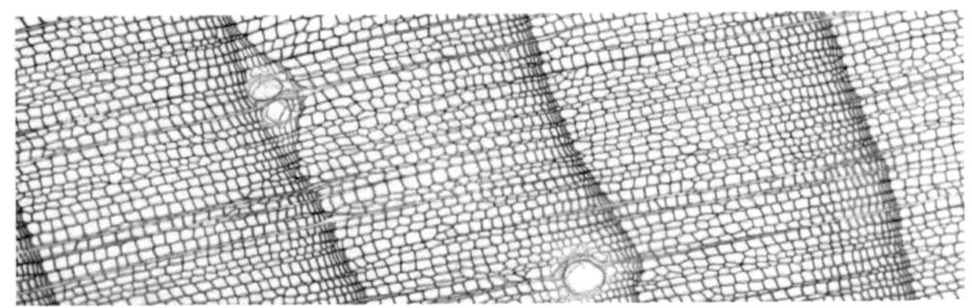

Abbildung 14: Mikroskopischer Querschnitt durch einen Zirbenstamm (Mik13)

2.2.2 Dendrochronologie

Unter der Dendrochronologie im weiteren Sinne versteht man alle Teilgebiete der Jahrringforschung. Im engeren Sinne bezeichnet man damit das Datieren von lebenden und toten Hölzern auf Basis des Abzählens von Jahrringen und durch Messung der Jahrringbreiten.

Die Schwankungen diverser ökologischer Faktoren am Standort der Bäume können sich auf die Breite und die Qualität des Holzzuwachses und damit auf die Jahrringbreite auswirken. Als wichtigsten Faktoren seien hier folgende genannt:

- Temperatur, Niederschlag und Grundwasserspiegel
- Lawinen und Massenbewegungen
- Gletscherbewegungen
- Bodenbeschaffenheit und –chemismus
- Schädlingsbefall und Konkurrenz
- Feuer, Vulkanausbrüche

Die Unregelmäßige Abfolge von breiteren und schmaleren Jahrringen nennt man Jahrringserie. Durch die Untersuchung von Jahrringserien von rezenten (lebenden) und historischen Hölzern (z.B. Bauhölzer, subfossile Hölzer) kann nach Überlappungsbereichen (im Idealfall ca. 100 Jahre) mit gleichem „Jahrringmuster" gesucht

werden. An den Überlappungsstellen können die Serien miteinander verknüpft werden, was eine lückenlose, auf das Jahr genaue Datierung ermöglicht. Das Prinzip ist
in Abbildung 15 schematisch dargestellt. (Schweingruber, 1993)

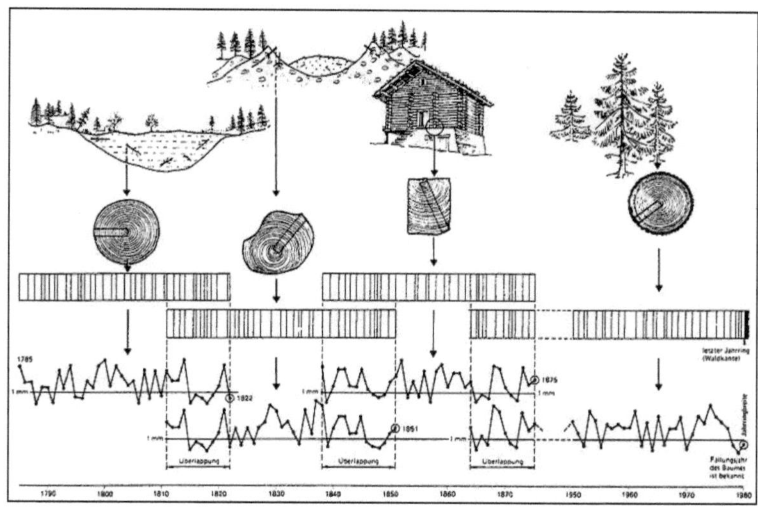

Abbildung 15: Prinzip des Synchronisierens (Crossdating)
(Schweingruber, 1993)

Neben der Dendrochronologie ist die Radiokarbonmethode auf Basis des instabilen
Kohlenstoffisotops ^{14}C eine häufig angewandte Datierungsmethode. Allerdings ist die
Genauigkeit aufgrund der Schwankungen des ^{14}C-Gehaltes in der Vergangenheit
und messtechnischer Probleme beschränkt. Das Holz der Zirbe kann auch für die
Analyse verschiedener chemischer Inhaltstoffe, darunter stabile und instabile Isotope
verwendet werden. Die Dendrochronologie an Zirben wird auch für die Kalibrierung
der Radiokarbonmethode verwendet.

Proben aus dem Waldgrenzbereich (Zirbe) lassen sich nicht mit solchen anderer
Bäume aus tiefer gelegenen Alpengbieten synchronisieren. Daher gab es bis zum
Ende des 20. Jahrhunderts keine Chronologien, die die letzen rund 1000 Jahre über-
schritten. In den letzten Jahren gelang es aber anhand des Datenmaterials einer
Vielzahl von rezenten und subfossilen Proben, eine durchgehende, kalendergenaue
Chronologie der letzen ca. 9100 Jahre zu erstellen. (Nicolussi, 2009)

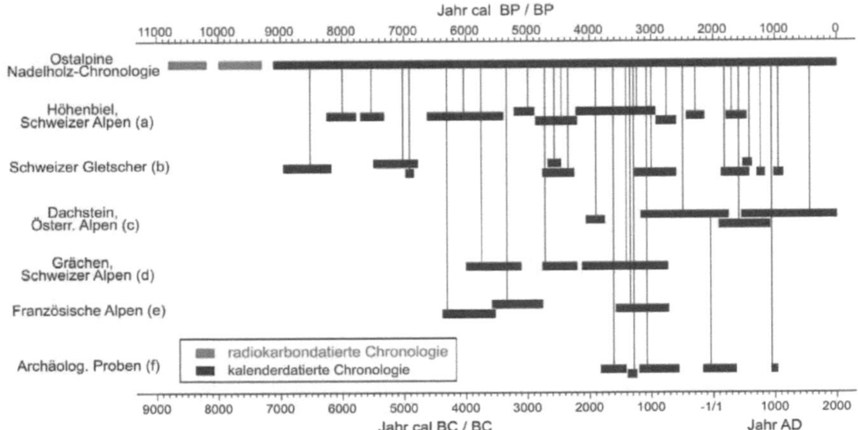

Abbildung 16: Das alpine Netzwerk der Nadelholz-Jahrringserien und Chronologien. (Nicolussi, et al., 2006)

2.2.3   Dendroökologie

Unter der Dendroökologie versteht man die Wissenschaft, die sich mit den Zusammenhängen der Ökologischen Faktoren (siehe 2.2.1) und dem Jahrringbild von Bäumen beschäftigt. Durch Untersuchungen der Reaktionen von lebenden Bäumen auf Ökologische Veränderungen können diese mit dem Wachstum in Verbindung gebracht werden (Klima-Wachstums-Beziehung). (Schweingruber, 1993)

2.2.4   Klimarekonstruktion

Die Alpine Walgrenze stellt eine klimasensitive Grenzzone dar. Hier kann ein einziger Faktor über das Bestehen von Bäumen entscheiden (Nicolussi, et al., 2006). Da die Zirbe ein Waldgrenzbaum ist, kommt sie als erste für denrochronologische und dendroökologische Untersuchungen in dieser Grenzzone in Frage. Subfossile Hölzer werden in Mooren und Gletschern konserviert. Je nach Lage der Fundorte bezeugen sie ein wärmeres oder kälteres Klima, als das derzeit vorherrschende.

Abbildung 17: Subfossiler Zirbenstamm in einem Moor.
(Zrost 2004 nach Nicolussi 2002)

An vielen Alpengletschern wurden durch den Gletscherrückgang freigelegte Hölzer unmittelbar an den Enden der Gletscherzungen gefunden. Als Beispiel dafür sei der Tschierva Gletscher im Engadin (siehe Abbildung 18). Diese Funde sind ausnahmslos mindestens 4000 Jahre alt und zeugen von kleineren Gletscherständen als die aktuellen. Dadurch kann von einem wärmeren Klima im frühen Holozän ausgegangen werden. (Nicolussi, 2009)

Abbildung 18: Der Tschierva-Gletscher in der Bernina-Gruppe, Engadin (Nicolussi, 2009)

Aus der höhenmäßigen Verteilung einer Vielzahl von datierten Holzproben (siehe Abbildung 19) kann das Klima im Holozän rekonstruiert werden.

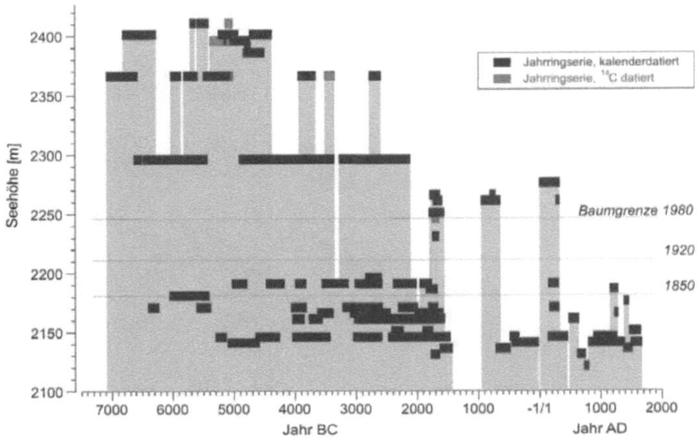

Abbildung 19: Die höhenmäßige Verteilung in Abhängigkeit der Wachstumszeit von Holzfunden aus dem inneren Kaunertal. (Nicolussi, 2009)

Im Zuge der aktuellen Klimaerwärmung ist ebenfalls ein deutlicher Anstieg der Waldgrenze zu beobachten. Neben eines ersten Anstiegs ließ sich um ca. 1860 lässt sich vor allem in den letzten 25 Jahren ein deutlicher Anstieg des Jungwuchses beobachten. Die Perioden des Waldgrenzanstieges gehen zeitgleich mit deutlichen Gletscherrückgängen einher. Daher kann auch eine Korrelation der beiden Faktoren auch in der Vergangenheit angenommen werden. (Nicolussi, et al., 2006)

Auch kurzzeitige Klimaschwankungen sind im Jahrringbild der Zirbe zu erkennen. Der Ausbruch des Tambora im Jahr 1815 beispielsweise hatte einen sehr kalten Sommer zur Folge. An Waldgrenzbäumen machte zeigte sich dies durch sehr schmale Jahrringe, z.T. auch durch Jahrringausfälle kenntlich. (Pindur, 2000)

2.2.5   Lawinenrekonstruktion

Neben der Klimarekonstruktion zählt die prähistorische Lawinenrekonstruktion zu den Bereichen der Dendroökologie an Zirbenhölzern. Äußere Einflüsse bewirken neben der Breitenschwankung der Jahrringe weitere lokale anatomische Veränderungen im Holz und an der Morphologie der Bäume. Bei seitlicher Beanspruchung durch Schneedruck oder anliegenden Lockergestein bilden sich verdickte Zellwände aus, was auch als Druckholz bezeichnet wird. Beschädigungen der Rinde durch Massenbewegungen wie Steinschlag, Muren oder Lawinen sind ebenfalls im Querschnitt des Holzes ersichtlich.

Indikatoren, die auf die Beschädigung durch Lawinenereignisse hinweisen, sind unter anderem:

- Scars und Überwallungen (infolge Verletzter Rinde und Kambium)
- Kronen- und Stammbrüche
- Entastungen
- Anomalien in der Wuchsform (siehe beispielsweise Abbildung 21)
- Entwurzelungen

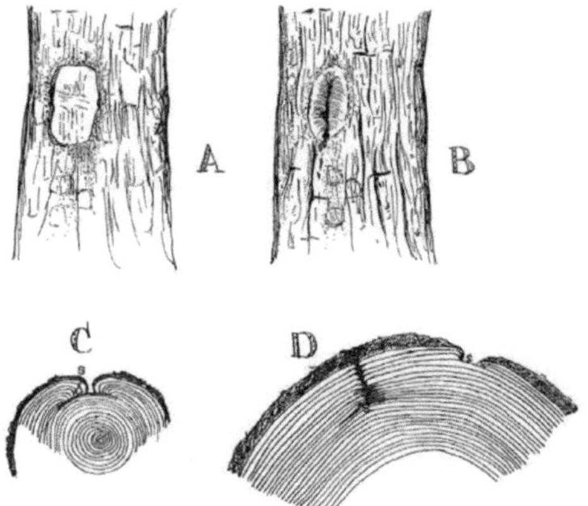

Abbildung 20: Schematische Darstellung eines Scars.
(Zrost 2004 nach Burrows 1976)

Gelingt es, die vorliegenden Hölzer dendrochronologisch einzuordnen, können derartige Ereignisse jahrgenau datiert werden.

Als Beispiel seien hier dendrochronologische Untersuchungen im oberen Zemmgrund im Zillertal genannt. Der Waldbestand wird hier von der Zirbe gebildet und erstreckt sich von ca. 1700 m bis auf ca. 2200 m. Beim untersuchten Material handelte es sich um subfossile Moorhölzer. Es konnten vier Großlawinenereignisse nachgewiesen werden, die auf die Winter 3834/3833 v. Chr., 2747/2737 v. Chr., 168/167 v. Chr. und um 505/506 n. Chr. datiert wurden. (Pindur, 2000)

Abbildung 21: Kandelaberwuchs infolge eines Stammbruches im
Lawinenwinter 1913/14 (Zrost 2004)

Derartige Untersuchungen können dabei helfen, rezente Lawinenszenarien hinsichtlich Intensität und Wiederkehrdauer unter Berücksichtigung der sich ändernden Klimaverhältnisse zu modellieren.

3   Zusammenfassung

Die vorliegende Seminararbeit beinhaltet die Zirbe als Baumart. Die Baumart erst hinsichtlich biologischer Aspekte behandelt. Dabei wird auf die Systematik, die Morphologie, den Habitus und die Ökologie und die Reproduktion eingegangen. Wesentlich dabei ist, dass die Zirbe in weiten Teilen der Alpen die Waldgrenze bildet. Als nächstes werden die Aspekte der Nutzung behandelt. Dabei wird erst die wirtschaftliche Nutzung des Holzes, der Zirbenkerne und der ätherischen Öle im Harz genauer beschrieben. Dann wird auf die wissenschaftliche Nutzung genauer eingegangen. In dieser Hinsicht ist die Zirbe als Waldgrenzbaum durch dendrochronologische Untersuchungen in Bezug auf die Klimarekonstruktion besonders interessant.

4   Literaturverzeichnis

Aas G. (2000): Die Zirbelkiefer. Schutzgemeinschaft Deutscher Wald Bundesverband e.V. (SDW), Bonn.

Amman B. (2002): Bäume und Sträucher des Waldes. Friedberg.

Baumkunde.de [Online]: Abruf 17. April 2013. - http://www.baumkunde.de/Pinus_cembra/.

Brodbeck S. und Gugerli F. (2010): Die Arve – Königin der Alpen. In: Die Alpen. Jg. 2010, H. 06, S. 32-37.

Buchauer Tischlerei (Tischlerei Buchauer) [Online]. Abruf 11. April 2013. http://www.buchauer.at.

Caspari K. Cramers Gallery of Nature [Online]. - sitegeist, 2011. Abruf 09. April 2013. http://www.cramers-gallery.com/product_info.php/info/p1924_Zirbelkiefer.html.

Forum Acta Plantarum [Online]: Pinus cembra L. - 16. April 2013. http://www.actaplantarum.org/floraitaliae/viewtopic.php?t=40204.

fotocommunity.de [Online]: Abruf 15. April 2013. http://www.fotocommunity.de/search?q=Zirbelkiefer&index=fotos&options=YToyOntz OjU6InN0YXJ0IjtpOjA7czo3OiJkaXNwbGF5IjtzOjc6IjQ0ODk2OTkkiO30/pos/11.

Holzinger A. (2005) Die Zirbe (Pinus Cembra L.). In: Nationalpark Gesäuse, Landesforste.

Kurt N. (1990): Die Beziehung zwischcen dem Jahrringwachstum von Zirben an der Waldgrenze und dem Massenahushalt des Hintereisferners. Leopold-Franzens-Universität Innsbruck, Innsbruck.

Mikroskopie-Forum [Online]: Abruf 18. April 2013. http://www.mikroskopie-forum.de/index.php?topic=8411.0.

Nicolussi K. (2009): Alpine Dendrochronologie – Untersuchungen zur Kenntnis der holozänen Umwelt- und Klimaentwicklung. In: alpine space - man & environment. Hrsg. Institut für Geographie Universität Innsbruck, Österreich. - Innsbruck : innsbruck university press, vol. 6: Klimawandel in Österreich. S. 41 - 54.

Nicolussi K. und Patzelt G (2006): Klimawandel und Veränderungen an der Alpinen Waldgrenze - Aktuelle Veränderungen im Vergleich zur Nacheiszeit. In: BFW-Praxisinformation. Jg. 2006, H. 10. S. 1 - 5.

Nicolussi K. , Kaufmann M. und Pindur P. (2009): Dendrochronologische Untersuchungen der Gebäuden der Waxeggal. In: Der Alm- und Bergbauer. Jg. 2009, H. 1-2. S. 25 - 27.

Pindur P. (2000): Dendrocronologische Untersuchungen im Oberen Zemmergrund, Zilltertaler Alpen. Leopold-Franzens-Universität Innsbruck, Innsbruck.

Regionalentwicklungsverein Zirbenland: Innovationsregion Zirbenland [Online]. Abruf 10. April 2013. http://www.zirbenland.at.

Schiechtl H. M. und Stern R. (1979): Die Zirbe (Pinus Cembra L.) in den Ostalpen. Veröffentlichungen der forstlichen Bundesversuchsanstalt, Bd. Nr. 24, Wien.

Schweingruber F. (1993): Jahrringe und Umwelt. Dendroökologie. Eidgenössische Forschungsanstalt für Wald, Schnee und Landschaft, Birmensdorf .

Stecher Adolf (geb 1940), [Interview]: Geschichten über die Zirbe. St. Valentin auf der Haide : 13. April 2013.

Ulber M., Gugerli F. und Bozic G. (2004): Swiss stone pine - Pinus cembra. [Online]. Euroforgen. Abruf: 14. April 2013. http://www.euforgen.org/fileadmin/bioversity/publications/pdfs/ 928_Technical_Guidelines_for_genetic_conservation_and_use_for_ Swiss_stone_pine__Pinus_cembra_.pdf.

Weißenbacher L. (2011): Heimische und fremdländische Baumarten an der Waldgrenze. In: Forstzeitung. Jg. 2011, Bd. 7. S. 14 - 16.

Wikipedia [Online]: Zirbelkiefer. Abruf: 15. April 2013. http://de.wikipedia.org/wiki/Zirbelkiefer.

Zrost D. (2004): Lawinenereignisse des späten und mittleren Holozäns in den zentralen Ostapen. Leopold-Franzens-Universität Innsbruck, Innsbruck.